思考力算数練習帳シリーズ

シリーズ２３

場合の数１　書き上げて解く—順列—

本書の目的

　全ての「場合」を、抜けず、重複せず書き出すというのは、高い注意力と作業性を必要とします。本書は、算数のみならず全ての学習に必要なこの注意力と作業性を高める事を第一の目的としてしています。従って、場合の数を式で求める方法は、本書では触れていません。本書の練習を続けていくうちに、「こうすれば計算で解ける！」という方法を子供自身が見つける事ができれば、それが一番の理解です。

本書の特長

1、やさしい問題から難しい問題へと、細かいステップを踏んでありますので、できるだけ一人で読んで理解できるように作られています。

2、全ての「場合」を、抜けず、重複せず書き出すというのは、高い注意力と作業性を必要とします。本書を解く事によって、自然に高い注意力と作業性が身に付きます。

3、ルール通り順に書き出すという作業によって、ルールのみに従って解く事を学ぶ、つまり論理力を高める効果があります。

算数思考力練習帳シリーズについて

　ある問題について、同じ種類・同じレベルの類題をくりかえし練習することによって、確かな定着が得られます。
　本シリーズでは、中学入試につながる論理的思考や作業性について、同種類・同レベルの問題をくりかえし練習することができるように作成しました。

も　く　じ

3つから3けたを選んでならべる ――――――――――― 3

　　問題1〜 ――――――――――――――― 9

4つから3けたを選んでならべる ――――――――――― 13

　　問題6〜 ――――――――――――――― 17

条件付き ―――――――――――――――――― 21

　　問題11〜 ―――――――――――――― 31

テスト ――――――――――――――――――― 34

解答 ――――――――――――――――――― 38

順列（じゅんれつ）

★下図のように1～3の数字が書かれた3枚のカードがあります。

これをならべかえて、ちがう数のならびをいくつか作ってみましょう。
例えば、

がそうですね。
他にもあります。自分で探（さが）してみましょう。

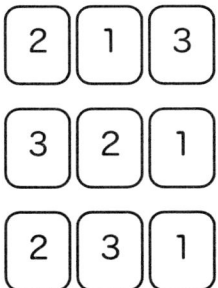

などなどです。
全部でいくつ見つかりますか。全部書き出してみましょう。

解答

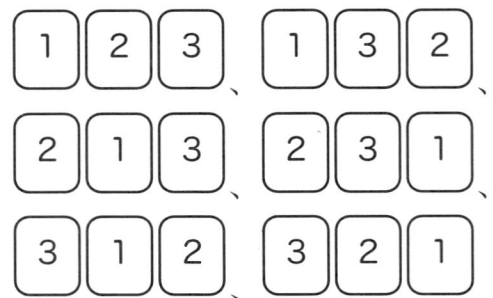

全部で６通りです。全部書けましたか。

抜（ぬ）けているものはありませんか。また、同じものを２回書いていませんか。

全種類（しゅるい）を書き出すとき、「**抜けがないか**」「**同じものを２回書いていないか**」が非常（ひじょう）に重要（じゅうよう）になります。

◇「抜けない」「２回書かない」ための工夫を考えてみましょう。

「抜けない」「２回書かない」ためには、**規則（きそく）正しく整理（せいり）して書く**ことが重要になります。

規則正しく整理して書いてみましょう。

ならべかえるときの規則：１、右から左へ
**　　　　　　　　　　　２、小さな数から大きな数へ**

最初

| 1 | 2 | 3 |

のように、**小さい数から大きな数へ**、の順にかきます。

次に、一番右のカードを他のカードに代えます。カードを代えるのは**右から順**

にというルールで代えてゆきます。この場合、一番右は［３］です。［３］を他のカードと代えます。他のカードは［１］と［２］がありますが、［２］のカードの方が［１］のカードより右にあるので、［２］の方を使います。［３］のカードを［２］のカードに代えるということです。すると、

というならびができます。

　右２枚が代わったので、一番左のカードを別のカードに代えます。今一番左のカードは［１］です。カードは**小さい数から大きな数へ**代えますので、一番左のカードを［２］にします。その後のカードは**小さい数から大きな数へ**ならべます。すると

というカードのならびになりますね。

　最初と同じように右のカードから代えようとすると、一番右の［３］をとなりの［１］と代えればよいことがわかります。

2 3 1

となりますね。

　右２枚のカードの位置が代わったので、また一番左のカードを代えなければなりません。［２］の次は［３］です。［３］のカードの右２枚は、**小さい数から大きな数へ**ならべますので

3 1 2

となります。

　そしてまた右のカードから代えると

3 2 1

ができあがります。

　またまた次は一番左のカードを代えなければなりませんが、一番左は［３］で、これ以上大きな数字はありません。ですから、これで全ての通りが書けたことになります。

　次に整理して書いておきましょう。

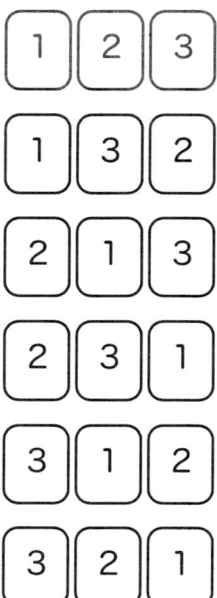

　必ず、この順で書くようにしましょう。順に整理して書かないと、抜けが生じたり、同じものを２度書いたりしてしまいます。
　また、下のような書き方もできます。

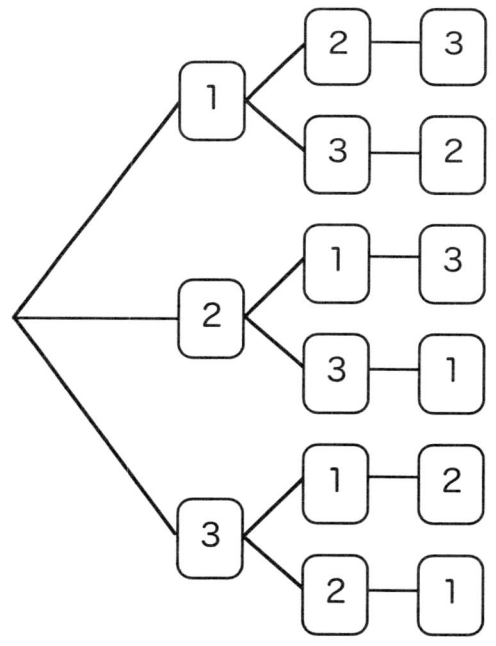

（この方がわかりやすいかな）

★下図のように２～４の数字が書かれた３枚のカードがあります。

これをならべかえて、ちがう数のならびを全て書き出しましょう。

下に、途中（とちゅう）まで書いてみました。続きを書きましょう。
ただし、抜けが生じたり、同じものを２回書いたりしないように、**規則正しく整理して書きましょう。**

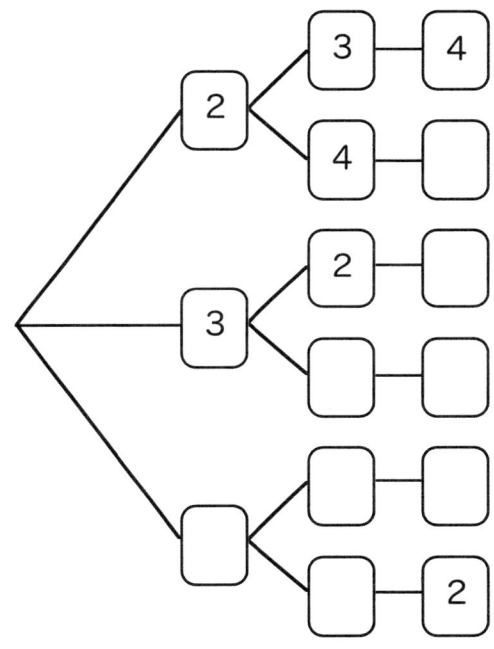

うまく書けましたか。
（解答は次のページ）

７ページの解答

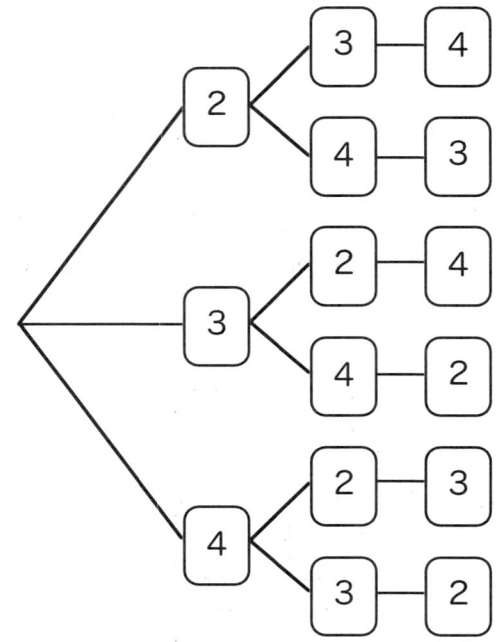

　規則正しく整理して書くことが重要なので、上記の答と**全く同じ**になるように書いてあれば正解とします。一つでも順番がちがっていれば、まちがいです。

　上記の図を樹形図（じゅけいず）（ツリー　tree）と言います。木の枝のように先分かれして広がっていくような図だからです。

　「…ならべかえてできる３桁（けた）の数を全て書き出しなさい」という問題の場合、上記「樹形図（ツリー）」ではなく

　　２３４、２４３、３２４，３４２、４２３、４３２

のように、全て書いて答えなくてはなりません。

問題１、［７］［８］［９］の３枚のカードをならべかえて、ちがう数のならびを作り、樹形図で全て書き出しましょう。

問題２、［Ａ］［Ｂ］［Ｃ］の３枚のカードをならべかえて、ちがう文字のならびを作り、樹形図で全て書き出しましょう。（ＡＢＣ順に、規則正しく書きなさい）

問題3、［1］［2］［3］［4］の４枚のカードをならべかえて、ちがう数のならびを作り、樹形図で全て書き出しましょう。

問題４、［Ａ］［Ｂ］［Ｃ］［Ｄ］の４枚のカードをならべかえて、ちがう数のならびを作り、樹形図で全て書き出しましょう。（ＡＢＣ順に、規則正しく書きなさい）

問題５、［あ］［い］［う］［え］の４枚のカードをならべかえて、ちがう文字のならびを作り、樹形図で全て書き出しましょう。（五十音順に、規則正しく書きなさい）

★下図のように1～4の数字が書かれた4枚のカードがあります。

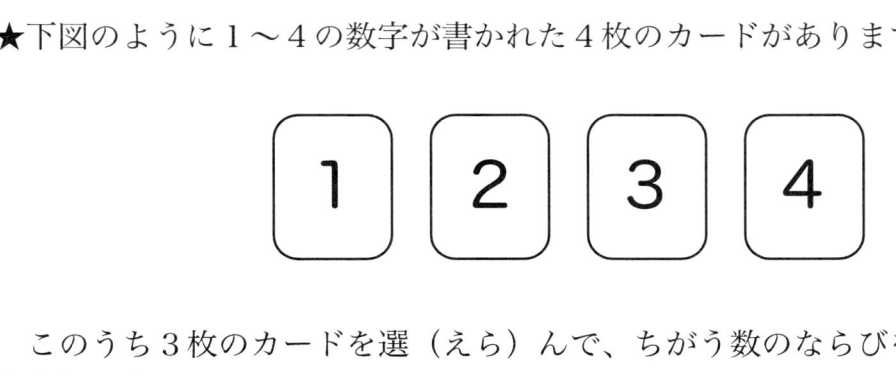

　このうち3枚のカードを選（えら）んで、ちがう数のならびをいくつか作ってみましょう。
　先の問題とちがうのは、ここにある4枚のカード全部を使うのではなく、4枚のうちから3枚を選び出してならべるという点です。
　前のように、規則正しくならべかえてみましょう。

　一番右のカードから順にかえて行きましょう。
　一番左が［1］、真ん中が［2］と決めたとき、残るカードは［3］と［4］とです。先に、一番右に［3］は使いましたので、［3］をまだ使っていない［4］にかえます。

　これで、一番左が［1］、真ん中が［2］と決めたときのカードのならびは全て書き上げましたので、次は真ん中のカードをかえます。真ん中のカードは［2］ですので、［2］より一つ大きい［3］にかえましょう。一番左のカードはそのままです。これで左が［1］、真ん中が［3］となります。

　一番右は、残りのカード［2］［4］の小さい方から入れます。「小さい数から順に」というルールも、忘れないように。

　一番右のカードをかえます。まだ使っていない［4］が残っていますので、［2］を［4］にかえます。

　これで左［1］真ん中［3］の時のカードのならびは全て書き上げました。右のカードはもうかえるものがありませんので、真ん中のカードをかえます。［3］の次は［4］のカードになります。

　一番右には、残りの［2］［3］のうち、小さい方から入れます。

　一番右の［2］を、もう一枚の［3］にかえます。

　これで左［1］真ん中［4］の時のカードのならびは全て書き上げました。右のカードはもうかえるものがありませんので、真ん中のカードをかえようと思いましたが、真ん中も［2］［3］［4］のカード全部使ってしまいました。
　ですから、次は一番左のカードをかえなくてはいけません。左のカードを［1］から［2］にかえましょう。

次に真ん中のカードを決めます。小さい数字からというのがルールなので、残りのカードから［1］を選びます。

右のカードには残りの［3］［4］の小さい方から順にいれましょう。

右のカードが全て終わったので、次は真ん中を［1］から［3］にかえます。

右のカードに、残り［1］［4］を順にあてます。

この方法で順にならべていくと、「数え忘れがない」「同じものを2回数えない」のです。以下全て書き出してみましょう。

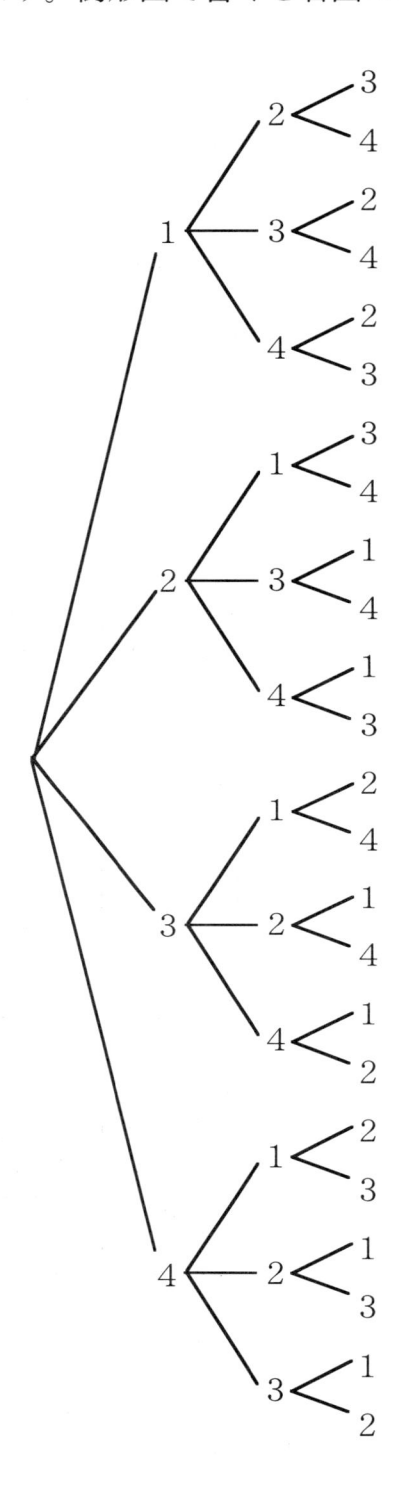

全部書き出すと左図のようになります。樹形図で書くと右図になります。

```
1 2 3
1 2 4
1 3 2
1 3 4
1 4 2
1 4 3

2 1 3
2 1 4
2 3 1
2 3 4
2 4 1
2 4 3

3 1 2
3 1 4
3 2 1
3 2 4
3 4 1
3 4 2

4 1 2
4 1 3
4 2 1
4 2 3
4 3 1
4 3 2
```

場合の数1　順列

問題6、［1］［2］［3］の3枚のカードから2枚を選び、ならべかえてちがう数のならびを作り、全て書き出しましょう。また樹形図でも書いてみましょう。

問題7、［A］［B］［C］の3枚のカードから2枚を選び、ならべかえてちがう文字のならびを作り、全て書き出しましょう。また樹形図でも書いてみましょう。（ＡＢＣ順に、規則正しく書きなさい）

問題8、［1］［2］［3］［4］［5］の5枚のカードから2枚を選び、ならべかえてちがう数のならびを作り、全て書き出しましょう。また樹形図でも書いてみましょう。

問題9、［Ａ］［Ｂ］［Ｃ］［Ｄ］の４枚のカードから３枚を選び、ならべかえてちがう文字のならびを作り、全て樹形図で書き出しましょう。（ＡＢＣ順に、規則正しく書きなさい）

問題１０、［あ］［い］［う］［え］の４枚のカードから３枚を選び、ならべかえてちがう文字のならびを作り、全て樹形図で書き出しましょう。（五十音順に、規則正しく書きなさい）

★下図のように１～４の数字が書かれた４枚のカードがあります。

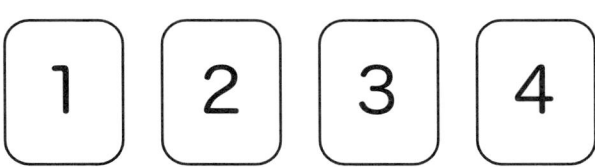

　この４枚のカードをならべかえて、４桁の偶数（ぐうすう）を作りましょう。
　「偶数」とは「２で割り切れる数」また「２の倍数」のことです。「偶数＝２で割り切れる数※＝２の倍数」かどうかは、一の位が「偶数＝２で割り切れる数＝２の倍数」かで判断できます。

　例、「２１３４」
　　　一の位は４→４は偶数→「２１３４」は偶数

　例、「４２１３」
　　　一の位は３→３は偶数でない→「４２１３」は偶数でない

　［１］［２］［３］［４］の４枚のカードをならべかえてできる偶数を、全て書き出しましょう。

　これまでの問題と同様に、順に規則正しく書き出すことが重要です。順に書き出すと

　最初は ［１］［２］［３］［４］ です。

　次は ［１］［２］［４］［３］ ですが、これは偶数ではありませんね。偶数を書かないように、うまく順に書き出しましょう。

　最初は次のように、全て書き出してから、偶数でないものをはぶく、という方法が、まちがえなくて良いでしょう。

　　　（※「割り切れる」は、整数範囲内で割り切れるという意味です。以下同じ）

全部書き出すと　　　　　　　　　　　偶数だけ
　　　　　　　　　　　　　　　　　　ぬきだすと

1 2 3 4　○　　　　　　　　　1 2 3 4　○
1 2 4 3　×　　　　　　　　　1 3 2 4　○
1 3 2 4　○　　　　　　　　　1 3 4 2　○
1 3 4 2　○　　　　　　　　　1 4 3 2　○
1 4 2 3　×　　　　　　　　　2 1 3 4　○
1 4 3 2　○　　　　　　　　　2 3 1 4　○
2 1 3 4　○　　　　　　　　　3 1 2 4　○
2 1 4 3　×　　　　　　　　　3 1 4 2　○
2 3 1 4　○　　　　　　　　　3 2 1 4　○
2 3 4 1　×　　　　　　　　　3 4 1 2　○
2 4 1 3　×　　　　　　　　　4 1 3 2　○
2 4 3 1　×　　　　　　　　　4 3 1 2　○
3 1 2 4　○
3 1 4 2　○
3 2 1 4　○
3 2 4 1　×
3 4 1 2　○
3 4 2 1　×
4 1 2 3　×
4 1 3 2　○
4 2 1 3　×
4 2 3 1　×
4 3 1 2　○
4 3 2 1　×

　あるいは、樹形図で考えるのも一つの方法です。
　樹形図で、制限のある一の位からあてはめて図を書きます。前の樹形図とは逆に、左の方から順にカードをかえてゆきます。

一の位が「1」なので他の位がどんな数字でもこの4桁の数は偶数にはならないので、考えなくてよい。

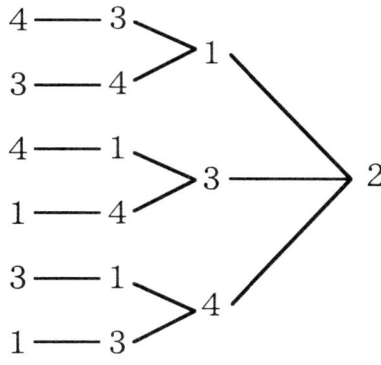

一の位が「3」なので他の位がどんな数字でもこの4桁の数は偶数にはならないので、考えなくてよい。

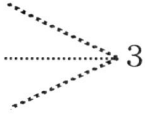

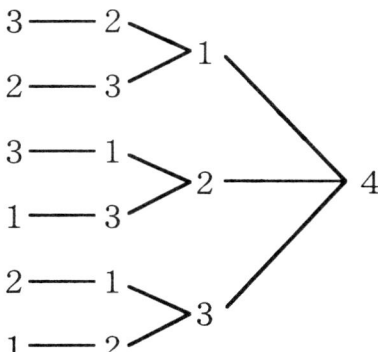

答
4 3 1 2
3 4 1 2
4 1 3 2
1 4 3 2
3 1 4 2
1 3 4 2

3 2 1 4
2 3 1 4
3 1 2 4
1 3 2 4
2 1 3 4
1 2 3 4

★下図のように1～5の数字が書かれた5枚のカードがあります。

このうち3枚のカードを選び、ならべかえて、3桁の5の倍数（＝5で割り切れる数）をつくりましょう。

一の位が「5」か「0」の時、その数は「5の倍数」＝「5で割り切れる数」となります。

例、「3675」　一の位が「5」なので5の倍数です。

　　　3675÷5＝735…0　割り切れます

例、「91420」　一の位が「0」なので5の倍数です。

　　　91420÷5＝18284…0　割り切れます

例、「6751」　一の位が「1」なので5の倍数ではありません。

　　　6751÷5＝1350…1　割り切れません

一の位が決定すると「5の倍数」かどうかが決まりますので、さきの偶数の問題の時と同じように、樹形図で一の位から決定して図を書くと、速く解く事ができます。

百の位
十の位
一の位
1
2
3
4
一の位が「5」でないので他の位がどんな数字でも5の倍数にはならない

2
3
4
1
1
3
4
2
1
2
4
3
1
2
3
4
5

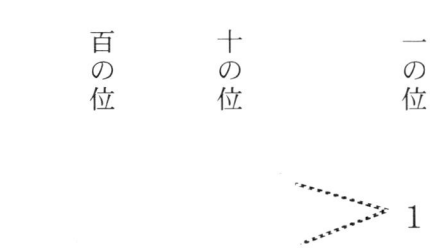

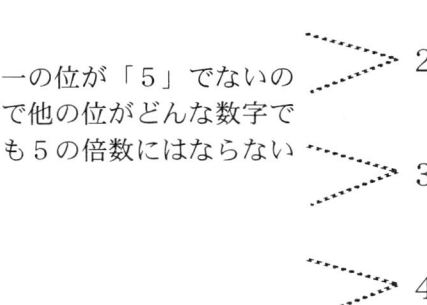

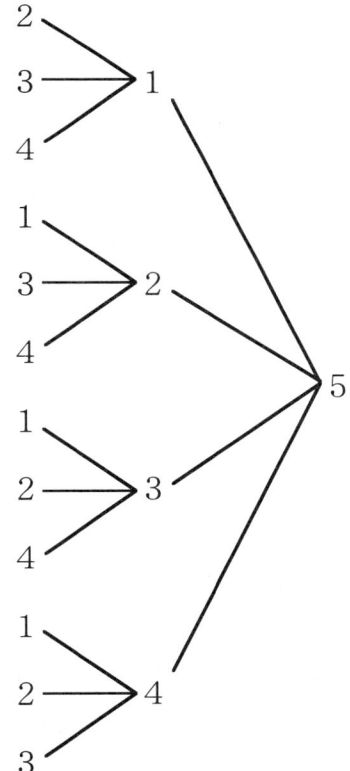

答
2 1 5
3 1 5
4 1 5
1 2 5
3 2 5
4 2 5
1 3 5
2 3 5
4 3 5
1 4 5
2 4 5
3 4 5

★下図のように1～4の数字が書かれた4枚のカードがあります。

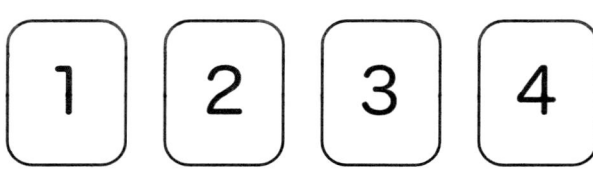

このうち2枚のカードを選び、ならべかえて、2桁の3の倍数（＝3で割り切れる数）をつくりましょう。

3の倍数（＝3で割り切れる数）かどうかは、各桁の数字の合計が3の倍数（＝3で割り切れる数）であるかどうかで判断できます。

例、「27」は3の倍数かどうか。

「27」の各桁の数「2」と「7」を足します。

$$2＋7＝9$$

この合計「9」は3で割り切れるので、元の数の「27」は3の倍数です。

例、「25641」は3の倍数かどうか。

「25641」の各桁の数「2」「5」「6」「4」「1」を足します。
$$2＋5＋6＋4＋1＝18$$

この合計「18」は3で割り切れるので、元の数の「25641」は3の倍数です。（本当に「25641」が3で割り切れるかどうか、自分で計算をして、確かめておきましょう。）

例、「３１４６」は３の倍数かどうか。

「３１４６」の各桁の数「３」「１」「４」「６」を足します。

$$3＋1＋4＋6＝14$$

この合計「１４」は３で割り切れないので、元の数の「３１４６」は３の倍数ではありません。

ちなみに「１４÷３＝４…２」となります。この「あまり２」が、元の数「３１４６」を「３」で割った時のあまりと同じになります。

「３１４６÷３＝１０４８…２」

元に戻りましょう。［１］［２］［３］［４］の４枚のカードから２枚を選んでならべ、３の倍数をつくります。

［１］［２］の２枚を選んだ場合、「１＋２＝３」、「３」は３の倍数ですので、［１］［２］をならべかえて作った数は３の倍数になると言えます。

「１２」「２１」　３の倍数

では他の２枚で３の倍数を作れる組み合わせはあるでしょうか。

［１］［３］の２枚を選んだ場合、「１＋３＝４」で「４」は３の倍数ではありませんので、［１］［３］をならべかえて作れる「１３」「３１」はどちらも３の倍数ではありません。

こうして考えてみると、まず３の倍数を作れる２枚の組み合わせを考えてから、それをならべかえると作業の効率が良いことがわかります。

では、３の倍数を作れる２枚の組み合わせを考えてみましょう。

２枚のカードの組み合わせで、３の倍数になるものを考える。

　　　［１］［２］　１＋２＝３　３は３の倍数　○
　　　［１］［３］　１＋３＝４　４は３の倍数ではない　×
　　　［１］［４］　１＋４＝５　５は３の倍数ではない　×
　　　［２］［３］　２＋３＝５　５は３の倍数ではない　×
　　　［２］［４］　２＋４＝６　６は３の倍数　○
　　　［３］［４］　３＋４＝７　７は３の倍数ではない　×

したがって、２枚のカードで３の倍数を作れる組み合わせは、

　　　｛［１］［２］｝　と　｛［２］［４］｝

の２種類の組しかないことがわかりました。

　あとはこの｛［１］［２］｝と｛［２］［４］｝をそれぞれならべかえて、二桁の整数を作ればよいことになります。

　答は
　　　　　「１２」「２１」「２４」「４２」

の４通りになります。

★下図のように1～4の数字が書かれた4枚のカードがあります。

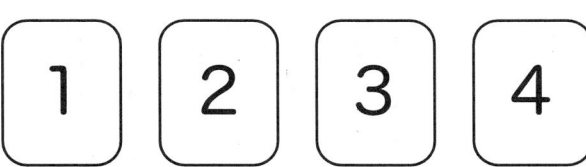

このうち3枚のカードを選び、ならべかえて、3桁の3の倍数（＝3で割り切れる数）をつくりましょう。

前の問題と同じように、まず、3の倍数を作れる3枚のカードを選びます。

［1］［2］［3］　「1＋2＋3＝6」　6は3の倍数　○
［1］［2］［4］　「1＋2＋4＝7」　7は3の倍数ではない　×
［1］［3］［4］　「1＋3＋4＝8」　8は3の倍数ではない　×
［2］［3］［4］　「2＋3＋4＝9」　9は3の倍数　○

（｛［2］［1］［3］｝は、足し算にすると｛［1］［2］［3］｝と同じなので、考える必要はない。他の数字のならびも同様。）

したがって、｛［1］［2］［3］｝あるいは｛［2］［3］［4］｝の3枚をならべかえて、3桁の整数を作ればよろしい。

答：
　　　　　　　1 2 3　　　　　2 3 4
　　　　　　　1 3 2　　　　　2 4 3
　　　　　　　2 1 3　　　　　3 2 4
　　　　　　　2 3 1　　　　　3 4 2
　　　　　　　3 1 2　　　　　4 2 3
　　　　　　　3 2 1　　　　　4 3 2

★下図のように１～５の数字が書かれた５枚のカードがあります。

このうち３枚のカードを選び、ならべかえて、３桁の９の倍数（＝９で割り切れる数）をつくりましょう。

９の倍数は３の倍数と同様、各桁の数字を全部足して９で割り切れれば９の倍数です。

　例、「４６７３７」
　　　４＋６＋７＋３＋７＝２７　　２７は９で割り切れる→９の倍数

　例、「５３６０」
　　　５＋３＋６＋０＝１４　　１４は９で割り切れない→９の倍数ではない。

したがって、３の倍数の時と同じように、まず９の倍数になる３枚のカードの組を見つけます。

　｛［２］［３］［４］｝と｛［１］［３］[５]｝の２組しかありません。

　｛［２］［３］［４］｝あるいは｛［１］［３］［５］｝の３枚をならべかえて、３桁の整数を作ればよいということになります。

答：
　　　　　２３４　　　　１３５
　　　　　２４３　　　　１５３
　　　　　３２４　　　　３１５
　　　　　３４２　　　　３５１
　　　　　４２３　　　　５１３
　　　　　４３２　　　　５３１

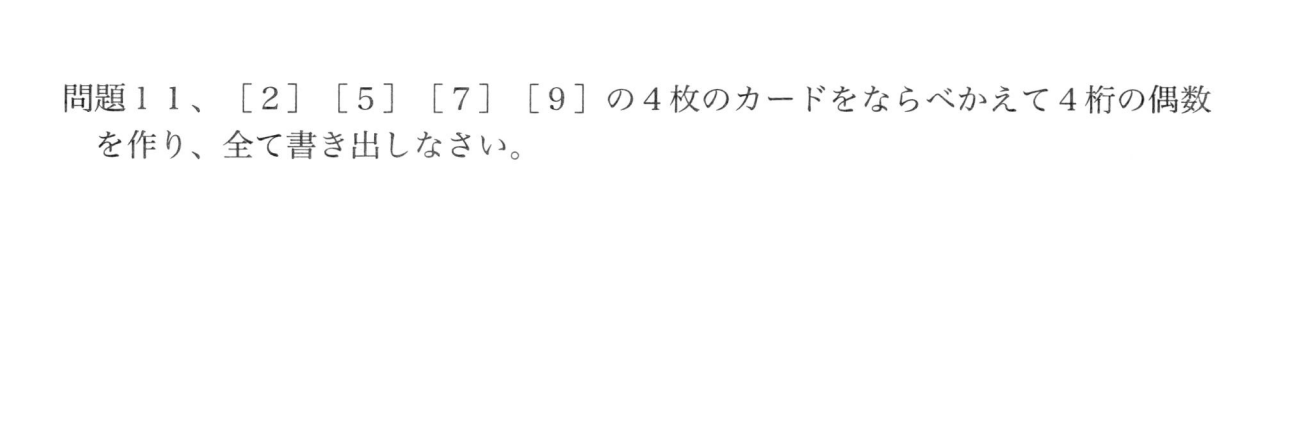

問題１１、［２］［５］［７］［９］の４枚のカードをならべかえて４桁の偶数を作り、全て書き出しなさい。

問題１２、［４］［５］［６］［７］の４枚のカードのうち３枚を選び、それらをならべかえて３桁の偶数を作り、全て書き出しなさい。

問題１３、［０］［２］［５］［８］の４枚のカードのうち３枚を選び、それらをならべかえて３桁の５の倍数を作り、全て書き出しなさい。

問題１４、［２］［３］［４］［５］［６］の５枚のカードのうち３枚を選び、それらをならべかえて３桁の３の倍数を作り、全て書き出しなさい。

問題15、［0］［1］［4］［5］［8］［9］の6枚のカードのうち3枚を選び、それらをならべかえて3桁の9の倍数を作り、全て書き出しなさい。

テ ス ト

テスト１、［イ］［ロ］［ハ］の３枚のカードをならべかえて、ちがう文字のならびをつくり、**樹形図で**全て書き出しなさい。**「イーローハ」の順**で、順序良く整理して書くこと。（１５点）

テスト２、［A］［B］［C］［D］の４枚のカードから２枚を選んで、ならべかえてちがう文字のならびをつくり、**樹形図で**全て書き出しなさい。**「A－B－C－D」の順**で、順序良く整理して書くこと。（１５点）

テスト３、［２］［３］［４］の３枚のカードをならべかえて３桁の偶数をつくり、**全て**書き出しなさい。（１５点）

テスト４、［５］［６］［７］［８］の４枚のカードから２枚を選んで、ならべかえて２桁の３の倍数をつくり、**全て**書き出しなさい。（１５点）

テスト５、［イ］［ロ］［ハ］［ニ］の４枚のカードをならべかえて、ちがう文字のならびをつくり、**樹形図**で全て書き出しなさい。**「イーローハーニ」の順**で、順序良く整理して書くこと。（２０点）

テスト６、［０］［１］［２］［３］［４］［５］［６］［７］［８］［９］の１０枚のカードの中から２枚を選んで２桁の３の倍数をつくります。**全て書き出して答えなさい。樹形図でもかまいません。**（２０点）

解答 P9-10

問題1

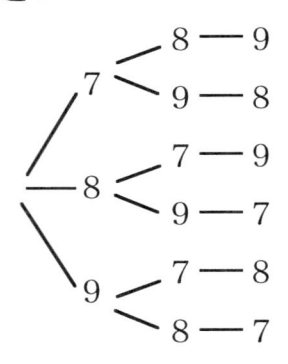

```
          8 — 9
       7<
          9 — 8
          7 — 9
   — 8<
          9 — 7
          7 — 8
       9<
          8 — 7
```

問題2

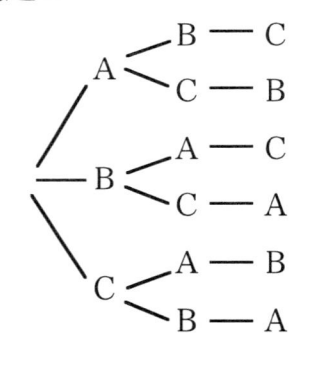

```
          B — C
       A<
          C — B
          A — C
    — B<
          C — A
          A — B
       C<
          B — A
```

問題3

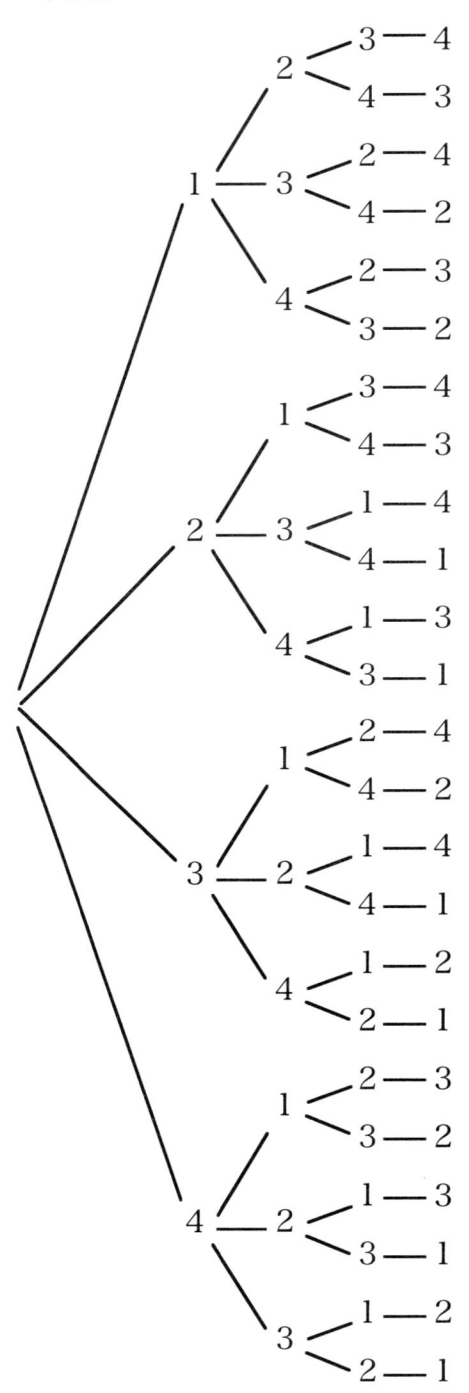

```
              3 — 4
           2<
              4 — 3
              2 — 4
      1 — 3<
              4 — 2
              2 — 3
           4<
              3 — 2

              3 — 4
           1<
              4 — 3
              1 — 4
      2 — 3<
              4 — 1
              1 — 3
           4<
              3 — 1

              2 — 4
           1<
              4 — 2
              1 — 4
      3 — 2<
              4 — 1
              1 — 2
           4<
              2 — 1

              2 — 3
           1<
              3 — 2
              1 — 3
      4 — 2<
              3 — 1
              1 — 2
           3<
              2 — 1
```

M.access　　　　- 38 -　　　　場合の数1・順列

解答 P11-12

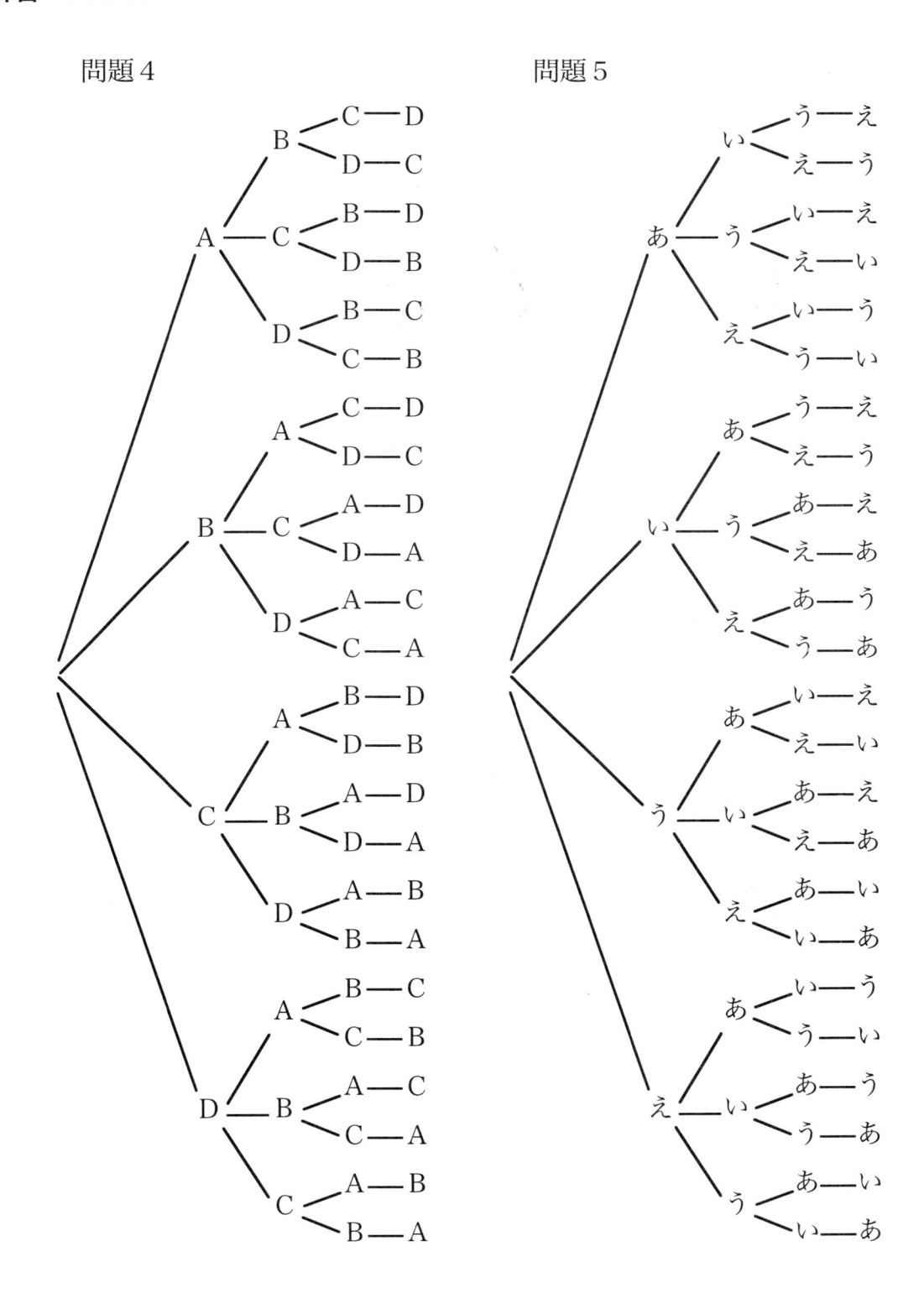

問題4

```
            ┌B─┬C─D
            │  └D─C
         ┌A─┼C─┬B─D
         │  │  └D─B
         │  └D─┬B─C
         │     └C─B
         │  ┌A─┬C─D
         │  │  └D─C
         ├B─┼C─┬A─D
         │  │  └D─A
         │  └D─┬A─C
         │     └C─A
         │  ┌A─┬B─D
         │  │  └D─B
         ├C─┼B─┬A─D
         │  │  └D─A
         │  └D─┬A─B
         │     └B─A
         │  ┌A─┬B─C
         │  │  └C─B
         └D─┼B─┬A─C
            │  └C─A
            └C─┬A─B
               └B─A
```

問題5

```
            ┌い─┬う─え
            │   └え─う
         ┌あ─┼う─┬い─え
         │   │   └え─い
         │   └え─┬い─う
         │      └う─い
         │   ┌あ─┬う─え
         │   │   └え─う
         ├い─┼う─┬あ─え
         │   │   └え─あ
         │   └え─┬あ─う
         │      └う─あ
         │   ┌あ─┬い─え
         │   │   └え─い
         ├う─┼い─┬あ─え
         │   │   └え─あ
         │   └え─┬あ─い
         │      └い─あ
         │   ┌あ─┬い─う
         │   │   └う─い
         └え─┼い─┬あ─う
             │   └う─あ
             └う─┬あ─い
                └い─あ
```

- 39 -

場合の数1 順列

解答 P17

問題6

```
1 2
1 3
2 1
2 3
3 1
3 2
```

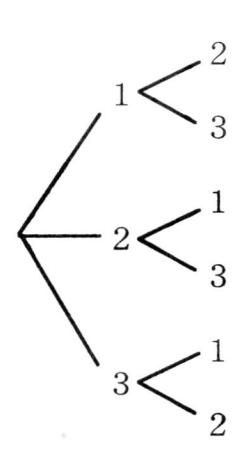

```
    ┌ 2
 1 ─┤
    └ 3
    ┌ 1
 2 ─┤
    └ 3
    ┌ 1
 3 ─┤
    └ 2
```

問題7

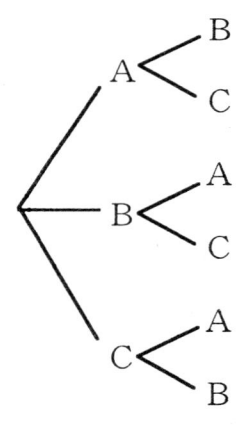

```
A B
A C
B A
B C
C A
C B
```

```
    ┌ B
 A ─┤
    └ C
    ┌ A
 B ─┤
    └ C
    ┌ A
 C ─┤
    └ B
```

解答 P18

問題8

```
1 2
1 3
1 4
1 5
2 1
2 3
2 4
2 5
3 1
3 2
3 4
3 5
4 1
4 2
4 3
4 5
5 1
5 2
5 3
5 4
```

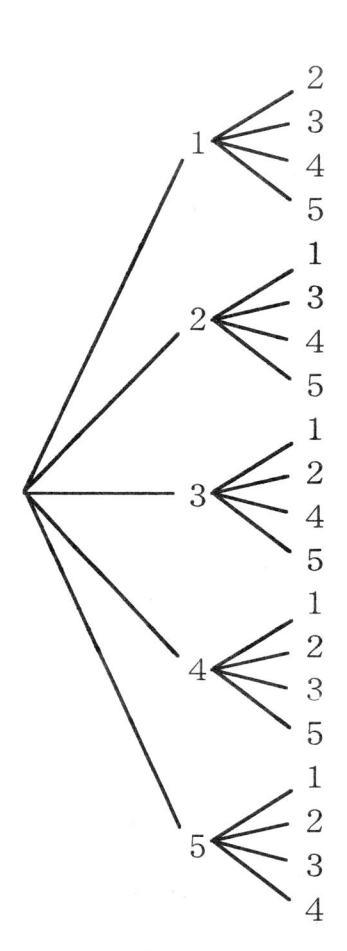

```
      ┌─ 1 ┬─ 2
      │    ├─ 3
      │    ├─ 4
      │    └─ 5
      │
      ├─ 2 ┬─ 1
      │    ├─ 3
      │    ├─ 4
      │    └─ 5
      │
   ───┼─ 3 ┬─ 1
      │    ├─ 2
      │    ├─ 4
      │    └─ 5
      │
      ├─ 4 ┬─ 1
      │    ├─ 2
      │    ├─ 3
      │    └─ 5
      │
      └─ 5 ┬─ 1
           ├─ 2
           ├─ 3
           └─ 4
```

場合の数1　順列

解答 P19-20

問題9

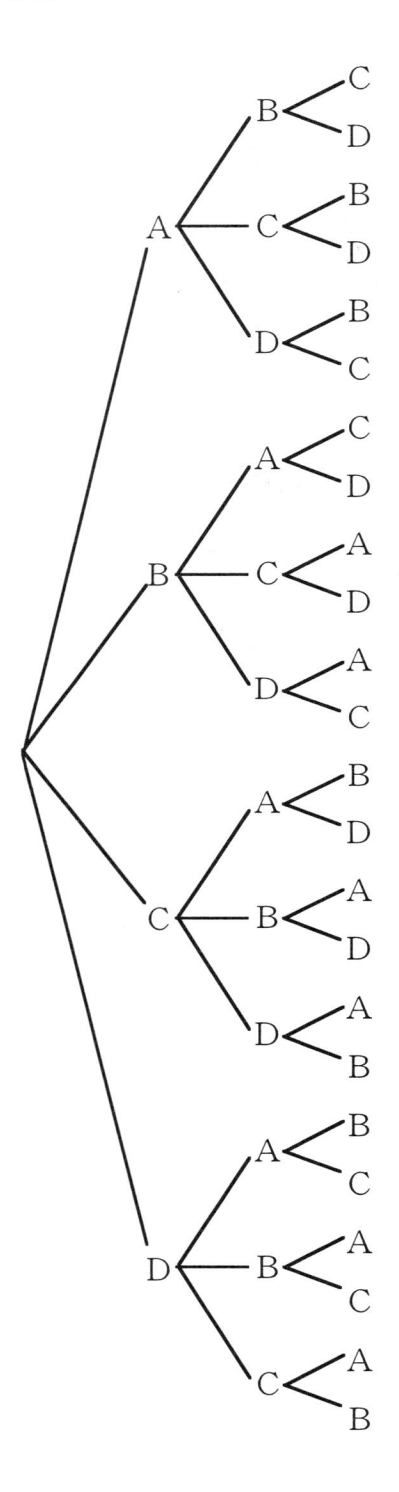

```
       ┌ B ┬ C
       │   └ D
     ┌ A ┬ C ┬ B
     │   │   └ D
     │   └ D ┬ B
     │       └ C
     │   ┌ A ┬ C
     │   │   └ D
     ├ B ┼ C ┬ A
     │   │   └ D
     │   └ D ┬ A
     │       └ C
     │   ┌ A ┬ B
     │   │   └ D
     ├ C ┼ B ┬ A
     │   │   └ D
     │   └ D ┬ A
     │       └ B
     │   ┌ A ┬ B
     │   │   └ C
     └ D ┼ B ┬ A
         │   └ C
         └ C ┬ A
             └ B
```

問題10

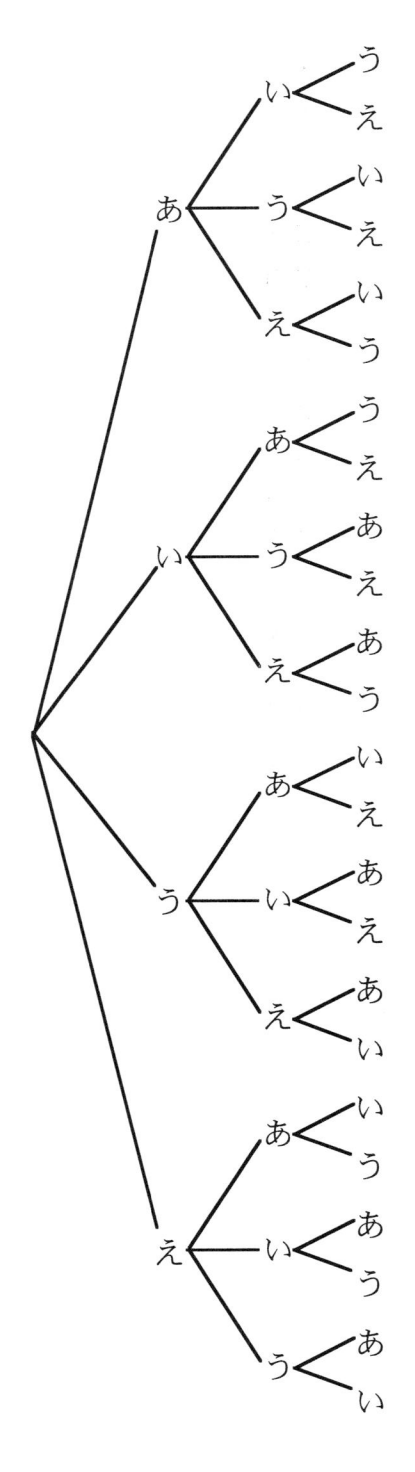

```
       ┌ い ┬ う
       │   └ え
     ┌ あ ┼ う ┬ い
     │   │   └ え
     │   └ え ┬ い
     │       └ う
     │   ┌ あ ┬ う
     │   │   └ え
     ├ い ┼ う ┬ あ
     │   │   └ え
     │   └ え ┬ あ
     │       └ う
     │   ┌ あ ┬ い
     │   │   └ え
     ├ う ┼ い ┬ あ
     │   │   └ え
     │   └ え ┬ あ
     │       └ い
     │   ┌ あ ┬ い
     │   │   └ う
     └ え ┼ い ┬ あ
         │   └ う
         └ う ┬ あ
             └ い
```

M.access　　　　　　　　　　　－42－　　　　　　　　　　場合の数1　順列

解答　P31

問題１１

偶数は［２］のカードだけなので、一の位が［２］になるならびだけ考えればよい。

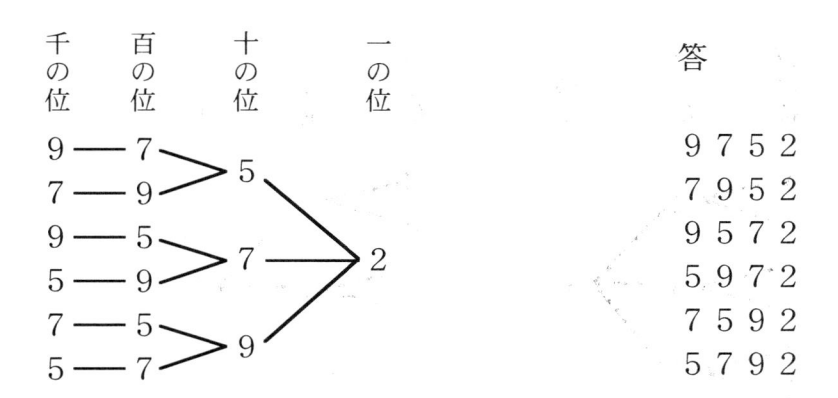

千の位	百の位	十の位	一の位		答
9	7	5	2		9 7 5 2
7	9	5	2		7 9 5 2
9	5	7	2		9 5 7 2
5	9	7	2		5 9 7 2
7	5	9	2		7 5 9 2
5	7	9	2		5 7 9 2

問題１２

一の位が［４］か［６］の場合、偶数になる。

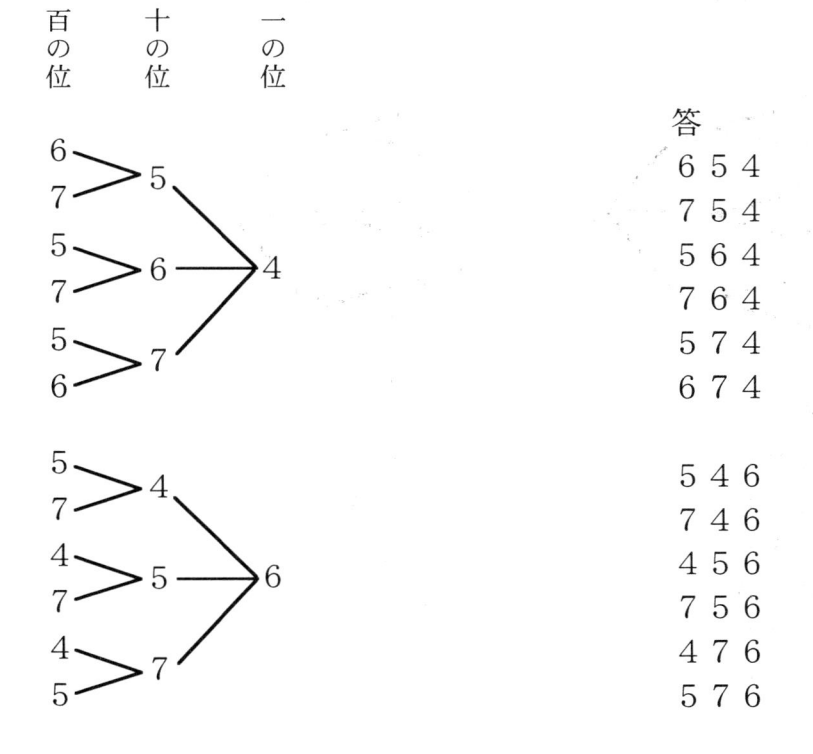

百の位	十の位	一の位	答
6	5	4	6 5 4
7	5	4	7 5 4
5	6	4	5 6 4
7	6	4	7 6 4
5	7	4	5 7 4
6	7	4	6 7 4
5	4	6	5 4 6
7	4	6	7 4 6
4	5	6	4 5 6
7	5	6	7 5 6
4	7	6	4 7 6
5	7	6	5 7 6

場合の数１　順列

解答 P32

問題１３

一の位が［０］［５］の場合、５の倍数になる。樹形図を書くと下図のようになる。

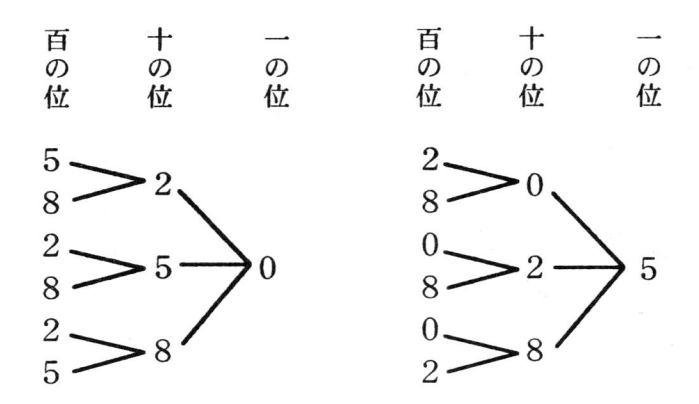

```
百 十 一       百 十 一
の の の       の の の
位 位 位       位 位 位

5＞2           2＞0
8              8
2＞5→0         0＞2→5
8              8
2＞8           0＞8
5              2
```

しかし、３桁の数で、百の位が「０」になることはない。
だから、百の位が「０」のものは、考えない。

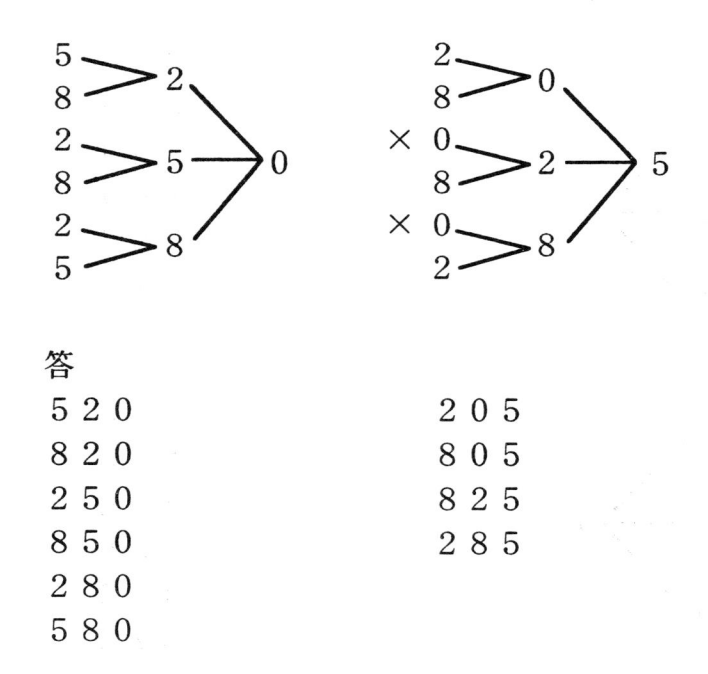

```
5＞2             2＞0
8                8
2＞5→0      ×0＞2→5
8                8
2＞8        ×0＞8
5                2
```

答
５２０   ２０５
８２０   ８０５
２５０   ８２５
８５０   ２８５
２８０
５８０

解答 P32

問題１４

［２］［３］［４］［５］［６］のカードの中で、３の倍数になる３枚の組み合わせは

［２］［３］［４］　　　［２］［４］［６］
［３］[４]［５］　　　［４］［５］［６］

の４通りです。これらのそれぞれのならびを考えればよい。

百の位	十の位	一の位		百の位	十の位	一の位
2 < 3—4 / 4—3				3 < 4—5 / 5—4		
3 < 2—4 / 4—2				4 < 3—5 / 5—3		
4 < 2—3 / 3—2				5 < 3—4 / 4—3		
2 < 4—6 / 6—4				4 < 5—6 / 6—5		
4 < 2—6 / 6—2				5 < 4—6 / 6—4		
6 < 2—4 / 4—2				6 < 4—5 / 5—4		

答

２３４	２４６	３４５	４５６
２４３	２６４	３５４	４６５
３２４	４２６	４３５	５４６
３４２	４６２	４５３	５６４
４２３	６２４	５３４	６４５
４３２	６４２	５４３	６５４

解答　P33

問題１５

「９」の倍数になる３枚の組み合わせは

[０] [１] [８]　　　[０] [４] [５]
[１] [８] [９]　　　[４] [５] [９]

の４通りです。それぞれのならびを考えればよい。
ただし、百の位が「０」になることはない。

```
百 十 一            百 十 一
の の の            の の の
位 位 位            位 位 位

   1―8 ×            4―5 ×
 0<                0<
   8―1 ×            5―4 ×

   0―8              0―5
 1<                4<
   8―0              5―0

   0―1              0―4
 8<                5<
   1―0              4―0


   8―9              5―9
 1<                4<
   9―8              9―5

   1―9              4―9
 8<                5<
   9―1              9―4

   1―8              4―5
 9<                9<
   8―1              5―4
```

答
１０８　　４０５　　１８９　　４５９
１８０　　４５０　　１９８　　４９５
８０１　　５０４　　８１９　　５４９
８１０　　５４０　　８９１　　５９４
　　　　　　　　　９１８　　９４５
　　　　　　　　　９８１　　９５４

解答 P34-35

テスト1

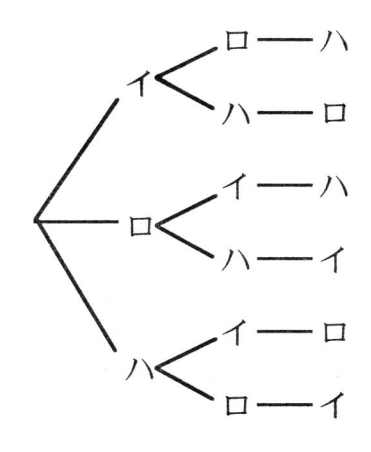

```
      ロ─ハ
  イ <
      ハ─ロ
      イ─ハ
  ロ <
      ハ─イ
      イ─ロ
  ハ <
      ロ─イ
```

順序正しく書いてなければ×。

テスト2

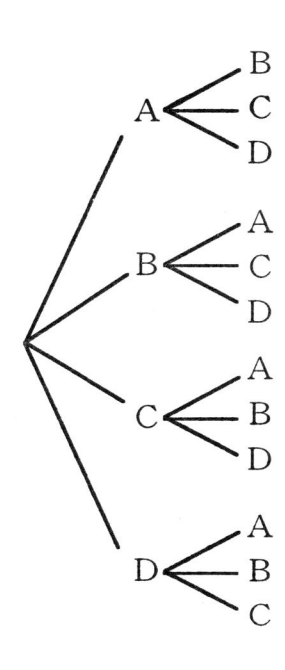

```
      B
  A < C
      D
      A
  B < C
      D
      A
  C < B
      D
      A
  D < B
      C
```

順序正しく書いてなければ×

テスト3

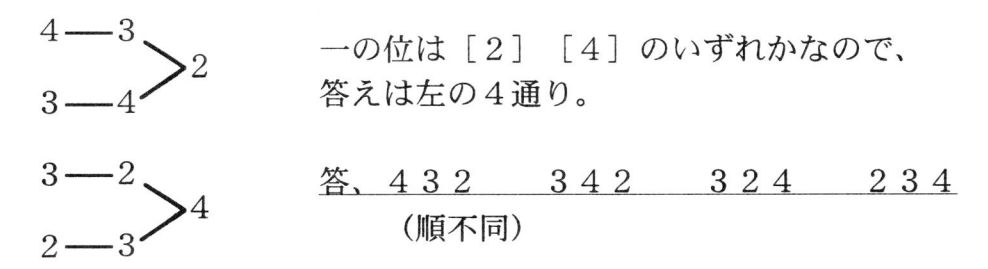

```
  4─3
      > 2
  3─4

  3─2
      > 4
  2─3
```

一の位は［2］［4］のいずれかなので、
答えは左の4通り。

答、4 3 2　　3 4 2　　3 2 4　　2 3 4
　　　　　　（順不同）

テスト4

　3の倍数になるためには、各桁を足した数が3の倍数になるようにすればよい。各桁を足して3の倍数になる組み合わせは

「5 7」「7 8」　の二つだけ。

答、「5 7」「7 5」「7 8」「8 7」　（順不同）

解答　P36-37

テスト5

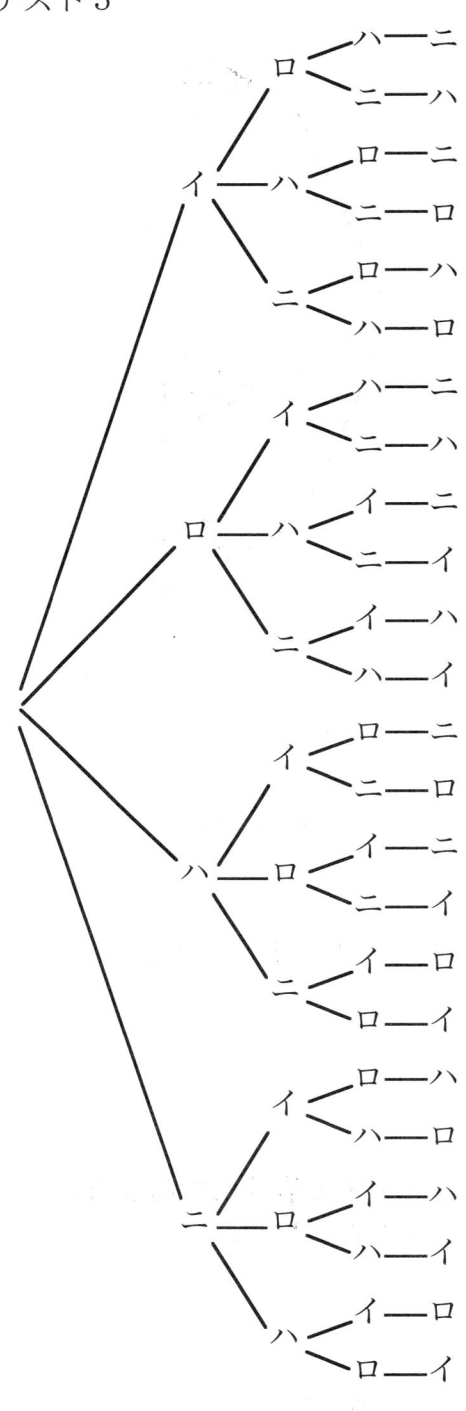

```
イ ─┬─ ロ ─┬─ ハ ─ ニ
    │      └─ ニ ─ ハ
    ├─ ハ ─┬─ ロ ─ ニ
    │      └─ ニ ─ ロ
    └─ ニ ─┬─ ロ ─ ハ
           └─ ハ ─ ロ
ロ ─┬─ イ ─┬─ ハ ─ ニ
    │      └─ ニ ─ ハ
    ├─ ハ ─┬─ イ ─ ニ
    │      └─ ニ ─ イ
    └─ ニ ─┬─ イ ─ ハ
           └─ ハ ─ イ
ハ ─┬─ イ ─┬─ ロ ─ ニ
    │      └─ ニ ─ ロ
    ├─ ロ ─┬─ イ ─ ニ
    │      └─ ニ ─ イ
    └─ ニ ─┬─ イ ─ ロ
           └─ ロ ─ イ
ニ ─┬─ イ ─┬─ ロ ─ ハ
    │      └─ ハ ─ ロ
    ├─ ロ ─┬─ イ ─ ハ
    │      └─ ハ ─ イ
    └─ ハ ─┬─ イ ─ ロ
           └─ ロ ─ イ
```

順序正しく書いてなければ×

テスト6

　3の倍数になる2枚のカードの組は
［0］［3］、［0］［6］、
［0］［9］、［1］［2］、
［1］［5］、［1］［8］、
［2］［4］、［2］［7］、
［3］［6］、［3］［9］、
［4］［5］、［4］［8］、
［5］［7］、［6］［9］、
［7］［8］の15組。

それぞれの組のカードをならべてできる数のならびを書き出せばよい。ただし、十の位が「0」になる場合は考えてはいけない。

答、「30」「60」「90」
「12」「21」「15」「51」
「18」「81」「24」「42」
「27」「72」「36」「63」
「39」「93」「45」「54」
「48」「84」「57」「75」
「69」「96」「78」「87」
　　　　　　　　　（順不同）

M.acceess　学びの理念

☆学びたいという気持ちが大切です
　勉強を強制されていると感じているのではなく、心から学びたいと思っていることが、子どもを伸ばします。

☆意味を理解し納得する事が学びです
　たとえば、公式を丸暗記して当てはめて解くのは正しい姿勢ではありません。意味を理解し納得するまで考えることが本当の学習です。

☆学びには生きた経験が必要です
　家の手伝い、スポーツ、友人関係、近所付き合いや学校生活もしっかりできて、「学び」の姿勢は育ちます。
　生きた経験を伴いながら、学びたいという心を持ち、意味を理解、納得する学習をすれば、負担を感じるほどの多くの問題をこなさずとも、子どもたちはそれぞれの目標を達成することができます。

発刊のことば

　「生きてゆく」ということは、道のない道を歩いて行くようなものです。「答」のない問題を解くようなものです。今まで人はみんなそれぞれ道のない道を歩き、「答」のない問題を解いてきました。
　子どもたちの未来にも、定まった「答」はありません。もちろん「解き方」や「公式」もありません。
　私たちの後を継いで世界の明日を支えてゆく彼らにもっとも必要な、そして今、社会でもっとも求められている力は、この「解き方」も「公式」も「答」すらもない問題を解いてゆく力ではないでしょうか。
　人間のはるかに及ばない、素晴らしい速さで計算を行うコンピューターでさえ、「解き方」のない問題を解く力はありません。特にこれからの人間に求められているのは、「解き方」も「公式」も「答」もない問題を解いてゆく力であると、私たちは確信しています。
　M.accessの教材が、これからの社会を支え、新しい世界を創造してゆく子どもたちの成長に、少しでも役立つことを願ってやみません。

思考力算数練習帳シリーズ
シリーズ２３　場合の数１　ー書き上げて解く「順列」ー

　　　　　　初版　第８刷
　　　　　編集者　M.access（エム・アクセス）
　　　　　発行所　株式会社　認知工学
　　　　　〒６０４－８１５５　京都市中京区錦小路烏丸西入ル
　　　　　電話　（０７５）２５６－７７２３　　email：ninchi@sch.jp
　　　　　郵便振替　０１０８０－９－１９３６２　株式会社認知工学

　　ISBN978-4-901705-22-6　　C-6341　　　A230819C　　　M

定価＝　本体５００円　＋税